Androiden – Bedienungen fuer das Leben

Für meinen Ehemann

Alle in diesem Buch enthaltenen Rechte sind der Autorin vorbehalten.

Autorin: Tanja M. Feiler

Cover: Tanja M. Feiler

Bilder: Tanja M. Feiler

1. Kapitel: Einführung Dirk L. Feiler

Bitte lesen Sie diesen Ausdruck. Meine Frau und ich haben zusammen ein Einkommen von nicht ganz 1200 €. Wenn man bedenkt, dass wir mit unserem knappen Budget soviel für Amerika getan haben, dass wir E - Mails bekommen, in denen es heisst, Barack Obama hätte mich 80 Mal angeschrieben und ich hätte nicht geantwortet und dass das alles ohne mich nicht funktionieren würde, dass man uns Warnungen schickt in dicker roter Schrift, dass wir Geld spenden sollen, 3 €, 5 € oder mehr, die Warnungen kommen bis zu zehn Mal hintereinander an und unsere Accounts werden gelöscht, verändert.

Wir werden gelobt von der First Lady, z.B. dass ich das Herz und die Seele Amerikas wäre und dass sie auf meine Frau stolz ist, "es konnte nicht nachgewiesen werden, dass die Bundeskanzlerin von der NSA abgehört wurde", doch ich, da ich eine bestimmte Software einer Firma verwende, die ich jetzt nicht erwähne, kann beweisen, dass nicht die Bundeskanzlerin abgehört wurde, sondern mein Internet und "Telefon", denn im Lockbuch des angesprochenen Programmes, befanden sich komplett zusammenhängende Sätze von der NSA.

Gestern, am 3. Dezember, haben wir uns ein Grundstück für 36 Mill. Dollar gekauft. Es geht hier um ein Grundstück, mit einem immenzen Uranvorkommen, Silber, Zink, Kupfer etc.

Nun, ja wir konnten uns das noch grad so leisten, Haha.

Diese Firma fragt mich, ängstlich, ob ich sie jetzt kaufen wolle, dann scheint nach der Schrift die Firma sowieso mir zu gehören. Das Bundessteueramt ermittelt zur Zeit in 72 Fällen, wir als Non Profit Unternehmen, dh. eigentlich sind wir schlicht nur Menschen, mit einem intelligenten Sinn für die richtige Gestaltung des Lebens, wovon, die amerik. Politik leider immer noch zu wenig Eigeninitiative zeigt. Ich habe Barack Obama und seine Familie sehr gern, meine Frau und ich lieben all unsere Freunde, vor allem unsere Freunde in Hollywood, nicht diese Mitarbeiter von DCCC. dcc, die uns befehlen, da wir keine Spende geleistet haben, weil wir leider selber nichts zu essen hatten außer von der Tafel, sollen diese Nacht bis morgenfrüh telefonisch für die US Regierung arbeiten. Wir sind beide keine US Amerikaner, dennoch habe ich einen Account oder er ist mittlerweile gelöscht bei Act Blue, wie ich es verlangt habe, ich habe keinen festen Wohnsitz in den USA, diese Bedingung fehlt, dennoch wurde ich und meine Frau zugelassen. Zur Zeit werden wir mit Dingen gedemütigt, z.B. dass wir unsere Postadresse zuschicken sollen, weil sich der Präsident Obama persönlich bedanken will. Ich möchte dazu eine Anmerkung machen: Ich bin

70 Prozent schwerbehindert, meine Frau 30 Prozent. Das was Sie hier sehen, reicht für eine Klage aus, erstens gegen den US Staat, was ich aber nicht tun werde, zweitens gegen Barack Obama, was ich nicht tun werde, weil er mein Freund ist. Wir haben Ihnen hier nur einige Dinge erzählt, weil wir Menschen sind, die Humor haben und wir mit dieser Action erreichen wollen, dass der Zynismus, den mein Freund Barack Obama in der Politik verteidigt, ein Ende hat. Das ist unser einziger Grund. Fam. Obama, wir lieben Sie und wir freuen uns, dass wir Sie kennengelernt haben, wir haben viel gelernt, danken Ihnen und denken Sie an SAFE 50 und 10 10.

Eine ganz wichtige Frage mein lieber Freund Barack: Du sagst zu den beiden Türmen: Never forgive, dieses Never Forgive ist das dümmste, was ich je von einem Menschen gehört habe in einer solchen Sache. Schlichtes Beispiel, wie soll ich mit meinem Autor weiterfahren, wenn ich einen Platten habe. Ich muss den Reifen reparieren, verdammt nochmal, ist das so schwer? Bitte mein Freund, sage, mir Deinem weißen Bruder,gelben und schwarzen Brüdern, Niemals Vergeben, Warum. (wenn ich für immer anhalte, bleibe ich auch für immer stehen) Heißen Sie "Julius Cäsar, sind Sie aus Marmor" und selbst da gibt es Geheimnisse, die verrate ich Ihnen nicht.

Barack Obama sagte einmal zu mir, Sie müssen doch unbedingt weiter etwas tun, es ist doch wichtig, dass die US Amerikaner gesund sind. Ich dachte kurz darüber nach und möchte hier äußern, lieber Barack, ich werde Ihnen den Grund ihres Ärgernisses, der Sie zu der Aussage diesbezüglich anregte, wenn wir einmal in einem Jazzkeller zusammen einen Earl Grey trinken, erzählen.

(Who say Danke, für den Hinweis, mit der Neun). Zuerst dachte ich an meine Freundschaft mit David Hasselhoff, die ich neun Jahre fast täglich pflegte, doch nun ist mir klar geworden, doch ich denke, Sie meinen etwas anderes mit der Zahl 9, dass es mir gelungen ist, die Aktie in ein paar Tagen auf neun Dollar anzuheben. Es ist mir möglich, dass mit allen Aktien weltweit zu tun. Ich möchte an dieser Stelle Kristen Stewart danken, mit der Idee, the new Republic, Danke Kristen, meine Frau und ich hoffen, dass wir Sie auch einmal persönlich kennenlernen. Es könnte ein interessanter Austausch werden, vielleicht haben Sie einmal Lust zwei Wochen am Stück, ein Gespräch mit uns zu führen. Ich glaube zu wissen, dass Sie das interessiert. Kennen Sie Alice im Wunderland?

Das ist nicht wie die Lavigne Story, wie Sie Alice kennt, Sie wissen schon. Bitte entschuldigen Sie, dass ich dermaßen in Ihr Leben eingegriffen habe, es tut mir von ganzem Herzen leid, bitte versuchen Sie immer, alles im Leben positiv zu sehen. Es gibt Dinge, für die ist nicht jeder Mensch prädestentiert, z.B. kann nicht jeder sagen, ich werde diesen Planeten für 24 h in Inspektion geben. Ich bin einer der Menschen, die sagen kann, jeder von Ihnen wird nach der Inspektion etwas davon haben. Am meisten freute mich, als ich im Fernsehen sah, dass unsere Brüder und Schwestern in großen Scharen zu der Jesusstatue in Rio de Janairo besuchten, um zu sehen, dass er auch einmal Gelegenheit hat, zu weinen. Mein Bruder hat viel zu tun und ich möchte allen danken, im Namen meines Bruders, die gegangen sind, um ihn zu huldigen, die Zeit, in der auch er einmal weinen durfte, auch wenn es "nur" durch Regen ging. Was auch sehr toll war, o.k. Sie wissen, mir gefallen Frauen, wohlgeformte Körper haben, doch an diesem Tag kam eine ältere Dame von ca 50 Jahren aus einem Friseursalon am Ort, die stolz und voller Lebensfreude die Strasse entlangging, sie fiel mir auf, weil Leute sie ansprachen wegen ihrer Frisur, die so schön war, und was mir auch gefiel, dass sie stolz darauf war, dass sie sich Fingernägel machen lassen konnte, mit einer schönen Lackierung darauf. Da sah ich einen Moment, des Glücks und der Zufriedenheit und diese finden Sie in einem Wort, einem Buch von 108

Seiten, das Wort heisst Bedienungen und nicht Bedingungen. Ein Android weiss nicht was Bedingungen sind, doch wir sollen Bedingungen erfüllen? Warum, gut, wegen Speis und Trank, wegen Wohnen, wegen Wasser, Gesundheit, dass wir die schlichte einfache Ordnung, die uns von Natur aus gegeben ist, auch immer halten, ist das einzigste Gesetz was wir brauchen, denn in ihm spiegelt sich die Tatsache, dass die Würde eines jeden Menschen unantastbar ist. Wer tatsächlich 10 Gebote braucht, der braucht ganz einfach 10 Gebote zuviel. Wir wären heute schon auf dem Mars, doch (wir Menschen) spielten Mensch ärgere dich nicht, was uns nichts als Ärger einbrachte, denn jeder wollte der erste sein.

Freunde, Brüder, Schwestern, bitte, werden Sie doch erwachsen, ein Mann wie Werner von Braun, der Hitler antrieb, um seine Pläne durchzusetzen, auch über Menschenleben ging, hatte ein Ziel und zwar den nächsten Planeten. Warum, meine lieben

Mitmenschen (llol) so ein Mann stirbt dann, warum, es gibt keinen Grund weiterzuleben. Darf ich Ihnen eine Frage stellen? Warum haben Sie ihm das angetan, jeder will der erste sein, wo doch die ersten die die ersten sein können, das ist eine physikalische Tatsache. In Punkto Football und in anderen coolen Spielen find ich das toll. Aber doch nicht in einer zivilisierten Gesellschaft, in denen es Gebäude gibt, die man Schulen nennt, da lernt man, dass man nur im Spiel auf dem Spielplatz der Erste sein muss.

Hier eine Frage für Denker: Warum verleugnen so viele Menschen die Muttersprache des Planeten Erde: Deutsch!

Ich habe deshalb gestern für Avril Lavigne ein paar Links erstellt, weil diese junge Frau dort beginnt, wo man als erstes helfen sollte, nämlich dort, wo Angst herrscht. Das ist der einzigste Grund.

Grade im Moment überlege ich mir, als

meine Wohnung gekündigt wurde, hatte ich einen Unfall, da ich viel zu lange wach war (epileptischer Anfall). Ich frage mich, warum ich so unwichtig bin, es ist ein seltsames Gefühl, wenn man bedenkt, was alles so auf mich eindringt.

Als mich die Polizei und Krankenpfleger eine dreiviertel Stunde durch die Gegend stürzen ließen, habe ich mich immer und immer wieder verletzt, hatte keine Schuhe an, ging durch das Glas auf der Strasse, weil ich mich selbst beruhigen wollte.

Ich zeige das Notfallteam nicht an, weil es seine Pflicht nicht erfüllte. Mein Körper hatte nie solche Narben, die mich daran hinderten, z.B. Model zu werden, was ich einmal werden hätte werden können. Ich habe meinen Körper lieb, mir ist bewusst, dass man einen menschlichen Körper nicht kaufen kann. Wir Menschen können einen menschl. Körper nicht in Geld aufwiegen, jedenfalls nicht einen aus "reinem biolog. Anbau".

Was wollen Menschen, die ich eben erinnert habe, dass sie einen grossen Visionär einfach sterben ließen, nur weil ihnen wichtig war, die ersten zu sein, was ist das für ein Grund? Es stand über dem Kremel eine Pyramide, wie ich hörte die ganze Nacht schwebend. Es war diese von Rar. Nun, über ein Radiogerät erzählte er, dass er es nicht mehr ertragen kann, dass die Menschen endlich das neue Zeitalter annehmen, *was soll noch passieren, hier passiert es doch gerade.*

Bitte machen Sie sich wenigstens JETZT über die beiden Worte: Bedingungen und Bedienungen Gedanken. Wenn ich jetzt frage, wer sich über Bedienungen keine Gedanken machen muss, dann müssten sie das alle wissen, oder hab ich da Unrecht.

Sie denken nach Ihrer heutigen polti. Ansicht, ja ich habe Unrecht, wir brauchen mehr Waffen, Kampfjets, Soldaten mehr Kriege. Die Politik dieser Menscheit heisst immer noch:

Vorsicht, der Planet wird zu voll. Dennoch ich besitze eine Uhr, nach meiner Uhr werden wir bald 7,3 Mill. Menschen auf der Erde sein.

Gehen Sie jetzt hin, egal was Sie gerade in der Hand haben, und werfen Sie es so fest Sie können gegen die Wand, tun sie es. 60 Prozent der Menschen, die das tun, werden erleben, dass die Dinge, die ihnen viell. auch wertvoll sind, die sie gegen die Wand werfen, nicht einen Defekt haben (Lebewesen ausgeschlossen).

Jeder halbwegs intelligente Volksschüler, kann heute schon nachvollziehen, dass dies eine sehr gute Methode ist, eine mit Humor wie der Schreiber (der junge Künstler uns schon oft bewiesen hat), einen Planeten dazu zu bewegen…GENAU

Kommen wir zurück zu unserem schlauen Wort des Millionenbuches von Dirk L. Feiler, das da heisst: "Wir Kinder dieser Erde", Bedienungen. Gut, also begeben wir uns jetzt in eine Volksschule, liebe Professoren,

Realschulen, Gymnasiasten: Hören wir ihn an, den Volksschüler, begleiten sie mich, diese Führung ist einzigartig, und kostet sie nichts.

Bedingungen werden nicht gestellt. Nur dass Sie mit beiden Füssen auf dem Boden stehen. Sollte jemand Fragen haben, was das bedeutet, wir werden es Ihnen gerne erklären. Es bedeutet z.B. spielen Sie nicht mit Ihrem Fallschirm, hängen Sie sich jetzt nicht an die Hufen ihres Hubschraubers und bitte stolpern Sie nicht über ihren offenen Schnürsenkel, ich weiss es nicht, sehen Sie selbst.

Der Volksschüler spricht:

" Ich bin der Meinung, dank wenigem "Wissen", bitte nehmen Sie sich die beiden Worte Bedingungen - Bedienungen zu Herzen. Denken Sie daran, es gibt Menschen, die sagen, Sie geben den Planeten heute zur Inspektion für 24 h. Es gibt Menschen, die über soz. Netzwerke sagen, es kann sein, dass Ihnen heute etwas schwindlig wird, aber seien Sie unbesorgt, unser Sonnensystem wird nur aus einem Gefahrenbereich entfernt. In zwei Wochen funktioniert der Planet wieder einwandfrei.

2. Kapitel: Wissenschaft

Menschen macht Platz! Von humanoiden Robotern und utopischen Androiden in der Zukunft

20.08.2012 Kommentar verfassen
Bereich: Panorama

(C) Alec Meer, 2006, Quelle: flickr (nicht portiert) (CC BY-SA 2.0)

Können Sie sich vorstellen in der Zukunft mit Robotern in Ihrem Alltag zu leben? Dass die Forschung bei den sogenannten "Humanoiden Robotern" bereits weit fortgeschritten ist, zeigten erst kürzlich Forscher aus Japan. Aber auch in den USA, Europa, Russland und weiteren Ländern der Welt schreiten Forscher in der Entwicklung von „Androiden" immer weiter voran. In Zusammenarbeit mit der US-Firma "Hanson Robotics" hat ein südkoreanisches Forschungsinstitut erst vor kurzem Albert Einstein wieder "zum Leben erweckt".

Geführt wurde dieses Projekt unter dem Namen "Albert Einstein Hubo". Die Gesichtszüge und die sehr realistisch wirkende Mimik des künstlichen Einsteins wagen zu überzeugen. Anbei haben wir ein offizielles Video von diesem "Albert Einstein Hubo" angefügt. Realisiert werden diese realistischen Bewegungen im Gesicht "Einsteins" von 30 künstlichen Gesichtsmuskeln. Diese wurden von Ingenieuren der "University of California" (San Diego) entwickelt.

"Menschen macht Platz, die Roboter kommen!"

Dieses Roboter-Beispiel mit "Albert Einstein Hubo" ist kein Einzelfall, längst wollen die Forscher mehr erreichen. In einigen Szenarien malen sich diese sogar aus, dass bereits bis in das Jahr 2020 humanoide Roboter ein Teil des menschlichen Alltags sein werden. Anfangs sollen diese Roboter wohl in Bereichen wie Militär, Industrie, Krankenpflege, Restaurants und ähnlichen zum Einsatz gebracht werden.

Bei einem militärischen Einsatz könnte man sich vorstellen, dass logistische Aufgaben bewältigt oder auch Serviceleistungen, in verschiedenster Form innerhalb des Militärs, vollzogen werden.

Der Einsatz in der Industrie ist schon heute zu beobachten. Bei der Fertigung von Automobilen oder bei anderen eintönigen Arbeitsprozessen werden Roboter bereits eingesetzt.

Aber nicht nur in diesen Bereichen werden die Roboter dem Menschen wohl bald Konkurrenz machen. Ebenfalls gibt es bereits schon heute dahingehend Bestrebungen, dass derartige Androiden auch "für den Menschen" direkt zum Einsatz kommen sollen. Zuletzt war hier die Rede von einer "unterstützenden Arbeit in der Krankenpflege". Besonders die nicht vorhandene Empfindung von Ekel soll es den Robotern leichter machen pflegebedürftige Menschen "zu säubern bzw. zu pflegen" oder auch in einem OP-Einsatz dem, hoffentlich menschlichen, Arzt behilflich zur Seite zu stehen.

Bei den Restaurants, wo es bereits verschiedene Vorschläge für den Einsatz von menschlich-realistischen Robotern gegeben hat, könnte man sich den Einsatz in Fast-Food-Ketten vorstellen. In den gehobeneren Restaurant's auch, je nach spezifischer Leistung des Roboters. Das Zusammenlegen eines Hamburgers oder ähnlicher Fast-Food-Speisen kann durchaus als eintönige Aufgabe angesehen werden, auch das Abkassieren der Ware. Dass in naher Zukunft nicht mehr Menschen einem den Burger zubereiten, sondern Roboter diese Aufgabe übernehmen, lässt zumindest "einigen Menschen" einen kalten Schauer über den Rücken laufen.

"Mensch gegen Maschine!"
Sicherlich könnten Roboter der Menschheit in verschiedenen Bereichen nützlich sein. Doch die derzeitigen Planungen, was man mit den "Androiden" in der Zukunft so vorhat, können nur noch in gemäßigter Weise als "Nützlich" bezeichnet werden. Technologie hat, wie fast alle Dinge,

auch zwei Seiten einer Medaille.

Auf der einen Seite kann diese Robotertechnologie natürlich für die Menschheit in positiver Hinsicht eingesetzt werden. Auf der anderen Seite der Medaille ist aber auch möglich, dass diese Technologie für die Menschheit alles andere als positiv ist.

Verschiedenste Kritiker dieser Entwicklungen warnten bereits in den 80er und 90er Jahren vor einem Kampf "Mensch gegen Maschine". Später drückte auch James Cameron in seinen Terminator-Filmen diesen "Mensch gegen Maschine Kampf" aus. Wollte Cameron die Menschheit damals vor diesen Entwicklungen warnen oder wollte er durch die Filme nur zum Ausdruck bringen, dass der Mensch den Maschinen unterlegen ist?

"Braucht's den Menschen überhaupt noch?"

Aus dem Betrachtungswinkel der Roboter-Forscher sollen die Androiden natürlich in positiver Hinsicht der Menschheit dienlich sein. Doch dieses theoretische Gedankenspiel ist alles andere als realistisch. Wenn es nun in den verschiedensten Bereichen von Militär, Industrie/Wirtschaft und dem allgemeinen Alltagsleben des Menschen nur noch Roboter gibt, kann man sich durchaus die Frage stellen, ob sich diese Entwicklung nicht schlecht auf die zur Verfügung stehenden Arbeitsplätze für die Menschen auswirkt?

Bis zum Jahr 2070, zumindest nach derzeitiger Voraussicht, sollen die humanoiden Roboter sogar weitaus intelligenter als der Mensch sein. Wer vermag sich da nicht vorzustellen, dass jene "Roboter-Klasse" aus ihrer gegebenen Überlegenheit auf den Gedanken kommen könnte, dass die minderintelligenten Menschen doch eher als störend betrachtet werden und man sich der Menschheit lieber entledigen sollte.

Rein theoretisch wäre dies kein Problem. Wenn in der Zukunft diese Roboter tatsächlich intelligenter als Menschen sind, würde es ebenfalls kein Problem für diese sein "ihre eigene Spezies am Leben zu erhalten". Dass es soweit kommen muss, wollen wir an dieser Stelle lieber nicht hoffen. Ein eher zu erwartendes Szenario wäre jenes, dass sich gewisse -menschliche- Kreise dazu entschließen, sich durch diese humanoide Technologie eine Art neue und vor allem deutlich leichter führbare Menschheit zu erschaffen.

Humanoide-Roboter brauchen keine eigenen Reichtümer, sie geben sich in aller Regel mit den vorgegebenen Impulsen zufrieden. Die spezifische Programmierung für die verschiedensten Aufgaben dieser Roboter ist, zumindest aus der heutigen Sicht, kein großes Problem.

"Die Menschen machen doch sowieso nur Probleme?!"

Dass sich die Roboter speziell in der Wirtschaft schnell ausbreiten werden, kann bereits aus der heutigen Sicht leicht vorausbestimmt werden. Einer der Hauptimpulse wird hierbei das Geld sein, bzw. die Gewinne, welche durch den Einsatz von sich weiter verbreitender Robotertechnologie gesteigert werden können. Für diesen systematischen Umstieg bedarf es nicht einmal großen Zwang von staatlicher Seite aus.

Führt ein Land A in seine Wirtschaft diese Roboter-Technologie der Androiden-Arbeitskräfte ein, kann dieses deutlich günstiger Waren produzieren und die allgemeinen Kosten, welche bei den Menschen angefallen sind, können drastisch gesenkt werden. Ein Roboter braucht keine Gesundheitsvorsorge und auch keine Rentenversicherung. Ein Land B, welches mit der Wirtschaft des Landes A konkurriert, aber noch keinen verbreiteten Einsatz von Humanoiden-Arbeitskräften angestrebt hat, kommt nun in wirtschaftlichen Druck, da die eigenen Produkte deutlich teurer hergestellt werden müssen. Die Freiwilligkeit sich vermehrt der humanoiden Technologie zu bedienen steigt, man will ja schließlich am Markt bestehen können.

Diese technologische Spirale wird sich immer weiter und immer schneller drehen. Welche Wirtschaft hat die besten Humanoiden-Arbeitskräfte, welche Wirtschaft produziert mit diesen am schnellsten und am effizientesten? Am Ende dieses Prozesses wird ein Szenario stehen welches, zumindest aus der Sicht des Menschen, ein eher düsteres ist.

Ja vielleicht wird sogar die Frage aufgeworfen, wofür überhaupt noch so viele Menschen benötigt werden, denn die Arbeitsplätze, welche jene einst besetzten, werden nun schließlich von humanoiden Hyperintelligenten besetzt. Diese haben zudem den Vorteil, dass diese nicht Krank werden können, keine unangenehmen Fragen stellen und überhaupt ist mit den neuen menschenähnlichen Robotern doch alles besser, als mit den ständig aufbegehrenden Menschenmassen.

Auch das allgegenwärtige Problem der Umweltverschmutzung wäre mit der "Abschaffung der Menschen" alter Kaffee. Ganz zu schweigen vom Problem der weltweiten Überbevölkerung und der Nahrungsmittelknappheit, Schnee von gestern. Zudem würde sich die Natur in besonderer Weise jener Entledigung des Menschen erfreuen. Keine leer gefischten Meere mehr, die Wälder dürfen wachsen wie sie es wollen und überhaupt, der Natur würde es doch ohne den Menschen deutlich besser gehen oder etwa nicht?

Sie sehen schon, mit diesen "positiven" Ansichten, für den Einsatz von humanoiden Robotern, kann einem durchaus das Gruseln kommen. Dass sich einige der beschriebenen Umstände einstellen werden, davon muss ausgegangen werden. Schließlich ist der Mensch als solches in einer gewissen Abhängigkeit gefangen. Mit dem weiteren Vorantreiben dieser Technologie, kann in der nahen Zukunft "ein stattliches Sümmchen Geld" verdient werden. Welche speziellen Konsequenzen für die Menschheit aus diesen Umständen her resultieren werden, wird jene vom schnellen Reichtum getriebenen Individuen und einer damit gekoppelten Erreichung der selbstgesteckten Ziele eher egal sein.

"Akzeptanz der Roboter!"
Einer allgemeinen Erkenntnis, der eventuell negativ eintretenden Umstände und einer damit verbundenen Ablehnung durch die Menschen, unterliegt man natürlich auch in der Forschung und Wissenschaft. Um die Menschen in die

Richtung zu bewegen, damit diese derartige humanoide Roboter in ihrem Alltag allgemein akzeptieren, muss "ein wenig nachgeholfen werden".

Über die Medien hätte man hier z.B. ein geeignetes Instrument zur Hand, um die Menschen mit emotionalen Impulsen in „die Akzeptanz der humanoiden Technologie" zu lenken. Auch in bekannten Hollywood-Filmen ist diese emotionale Psychologie bereits erkennbar. Einer der letzten Filme die darauf abzielten war "Wall-E". Ein kleiner Roboter, der in einer menschenleeren Welt ganz traurig und alleine "aufräumen" soll, wird letztendlich zum Retter der Menschheit.

In der Handlungsweise des Films ging es aber nicht unbedingt, in der Hauptsache, um das Aufräumen an sich. Speziell die emotionalen Reize innerhalb des Films sollten dem Zuschauer „ein mit dem kleinen Roboter mitfühlendes Gefühl auftragen" – am Ende des Films erwies sich der kleine Roboter „Wall-E" sogar als „Befreier der Menschen". Aus psychologischer Sicht verankert sich diese emotionale Situation, gekoppelten mit der Hauptfigur "Wall-E" im Film, dahingehend, dass eine Akzeptanz des "niedlichen Roboters" erreicht wird.

Aber auch andere bekannte Filme welche in diese Richtung zielen, haben nicht nur die Aufgabe das Publikum zu unterhalten, sondern transportieren auch eine psychologische Haltung in die Menschen hinein – für da zukünftige Szenarien auf unserer Erde.

Welchen Weg die Forscher und die auf technologischen Fortschritt getrimmten Technokraten in Zukunft einschlagen werden, bleibt abzuwarten – die derzeitigen Entwicklungen lassen hierbei aber nichts Gutes erahnen. Wir wollen uns an dieser Stelle natürlich nicht als Technologiefeinde auftun. Vielmehr wollen wir auch die „andere Seite, der sonst meist nur positiv betrachteten Technologie aufzeigen".

Anbei haben wir verschiedene Übersichten zusammengestellt, was mit den "Androiden" bereits heute möglich und was für die kurz- und mittelfristige Zukunft bei dieser Technologie geplant ist. Anmerkung:

Die folgenden Beispiele sollen nur exemplarischer Natur sein, die Bestrebungen sind deutlich vertiefter, als diese herausgegriffenen Einzelfälle. Innerhalb der letzten Jahre wurden weltweit unzählige Projekte gestartet, welche sich um androide/humanoide Robotertechnologie drehten...

Jahr 2009 – Roboter erreichen Intelligenz von Kleinkindern

Damals wurde in einem Artikel von Welt gemeldet, dass japanische Forscher bereits humanoide Roboter entwickelt haben, welche bei der Intelligenz von zweijährigen Kindern mithalten können. Damals gab man hier ein zukünftiges Szenario ab, dass bereits im Jahr 2020 zig tausende humanoide Roboter "neben dem Menschen" arbeiten könnten. Das Epizentrum der technologischen Entwicklung war auch damals schon das in Japan gelegene Osaka. Damals sagte Minoru Asada, von der "Universität von Osaka", dass diese neue Generation von Robotern eine deutlich erhöhte Kapazität hätte, um weitere Lernimpulse aufzunehmen und diese in Echtzeit zu verarbeiten. Der damals vorgestellte "Kinder-Roboter" CB2 sollte aus seiner Umgebung her weitere Lernfortschritte erzielen. Indem er sein Umfeld beobachtet und mit Menschen interagiert, würde der Roboter selbstständig seinen Datenbestand weiter ausbauen und die jeweiligen "Reize" aus der Umgebung situationsspezifisch zuordnen können.

Jahr 2009 – Forscher prophezeien "Zeitalter der Androiden"

Japanische Forscher sind der Ansicht, dass androide Roboter in der Zukunft das heutige Dasein des Menschen in Frage stellen könnten. In Japan wird der Trend hin zu einer humanoiden Gesellschaft stets weiter vorangetrieben. Zuletzt gab man bekannt, dass bereits im Schulunterricht Roboter erprobt werden. Doch dies soll nur der Anfang einer sich stets fortlaufenden Entwicklung sein. Außerdem gab man seitens der Forscher die Prognose ab, dass Menschen in der Zukunft auch in sexuellen Belangen von Androiden abhängig sein werden und mit diesen das eigene Lustspiel in unvorstellbare Dimensionen ermöglicht werden kann. Bis in das Jahr 2070 plane man sogar, die humanoiden Roboter in Sachen Intelligenz auf ein "neues Maß zu bringen". In der dann erreichten künstlichen Intelligenz, sollen die Roboter den Menschen in sämtlichen Belangen überlegen sein. Doch das ist noch Zukunftsmusik. Der mit der Entwicklung von humanoiden Robotern beschäftigte Professor Noel Sharkey (Professor für künstliche Intelligenz und Robotik), von der Universität Sheffield, will den Menschen die Roboter erst einmal in hilfsbedürftigen Lagen des Lebens "näherbringen". So könne er sich vorstellen, dass überarbeitete Eltern in Zukunft den Einsatz von humanoiden Robotern anstrebten, um die Kinder mit einem Perma-Babysitter ausreichend zu versorgen. Probleme sieht er allerdings darin, dass ein solcher Einsatz, eines "Babysitter-Roboters", eventuell bei Kindern dazu führen könnte, dass diese aus der realen Welt des Menschen herausgelöst werden. Dies begründet er damit, dass die Roboter nicht dazu fähig sind, zumindest nach aktuellem Stand der Technik, um ein echtes Einfühlungsvermögen und ein damit gekoppeltes menschliches Verständnis zu zeigen.

Jahr 2010 – Android-Roboter arbeitet auf Messe als "Hostess"

Auch im Bereich der allgemeinen Belustigung der Menschen ist der Einsatz von humanoiden Robotern als interessant zu betrachten. Dies dachte man sich wohl auch bei Google. Auf einer Entwicklerkonferenz in Japan stellte Google seinen Android-Roboter vor, welcher dort als Messe-Hostess eingesetzt wurde. Google führt hierbei eine enge Kooperation mit der Partnerfirma "Billiant Service" und dem Roboter-Spezialisten "RT". Im Zusammenhang mit dem Auftreten Googles auf dieser Entwicklerkonferenz, gab man seitens Google bekannt, dass man es nun geschafft habe, dass Android, Robotik und Cloud-Dienste als "ein Ganzes" vereint seien und dieses Zusammenspiel "neue technologische Ansätze bietet". Auf der Konferenz demonstrierte ein Entwickler, wie man mit einem Smartphone den neuartigen Android-Roboter steuern kann. Beruhigend an "dieser Form eines Roboters" ist jedoch, dass jede umzusetzende Aktion des Roboters durch den Menschen vorgegeben werden muss.

Jahr 2011 – Foxconn will Arbeiter durch Roboter ersetzen

Der bekannte chinesische Konzern Foxconn (Hon Hai Precision Industry Co., Ltd.) gab im Sommer 2011 bekannt, dass in den kommenden drei Jahren verstärkt Mitarbeiter gegen Roboter ausgetauscht werden sollen. Nach Kritik an den Arbeitsbedingungen bei Foxconn (stellt Technologie für Apple, HP, Dell und andere Konzerne her) beschloss die Unternehmensleitung, dass in naher Zukunft Arbeitsstellen gestrichen werden sollen. Doch nicht aus dem Grund weil die Auftragslage schlecht ist, sondern vielmehr mit den schlechten Arbeitsbedingungen für die dort arbeitenden Menschen begründet. Nach der breiten Kritik an diesen Arbeitsbedingungen hob Foxconn die

Löhne an. Als Resultat wurde aus dieser Lohnanpassung nun die Ersetzung von zahlreichen Arbeitsplätzen (Menschen) durch "passende Roboter" bekanntgegeben. Mittelfristig plane man bei Foxconn die Anschaffung von etwa 300.000 Robotereinheiten, welche für "einfache und eintönige Arbeitsprozesse" eingesetzt werden sollen. In der längerfristigen Planung will man sogar bis zu 1 Million Roboter in Betrieb stellen.

Jahr 2012 – Patent auf Roboter die wie Menschen gehen und atmen

Der aktuelle Patentstreit zwischen Apple und Samsung ist allseits bekannt. Doch ist Ihnen auch bekannt was Samsung in der letzten Zeit für Patente, zusammenhängend mit zukünftigen Technologieplanungen, beantragt hat? In diesem Fall handelt es sich speziell um zwei neue Patente, welche durch Samsung angestrebt wurden. Das eine Patent zielt auf den "Gang eines Roboters ab, der dem des Menschen zu 100 Prozent ähnelt". Das zweite Patent soll eine Technik patentieren, welche es ermöglicht, dass ein Roboter die "Brust bzw. den Brustkorb periodisch leicht anhebt" – so wie es also beim Menschen ist, wenn dieser ein- und ausatmen. Diese beiden Patente, in Bezug auf humanoide Robotertechnologie, sind zumindest die neusten. Samsung hat auch noch andere, bereits vor einiger Zeit patentierte Techniken auf Lager. So z.B. ein Patent, welches sich auf "die menschliche Stimmeingabe" fixiert.

(glaronia)

vom Androiden zum Roboter: Google investiert jetzt massiv in Roboterentwicklung

http://t3n.de/news/android-roboter-google-514075/

Focus online 09.12.2014 – 4 Seiten

Übersicht: Robotik

- Die Androiden kommen
  Seite 1
- Spielzeuge, Gesellschafter, Kollegen
  Seite 2
- Androiden statt Lügendetektoren
  Seite 3
- Der perfekte Soldat

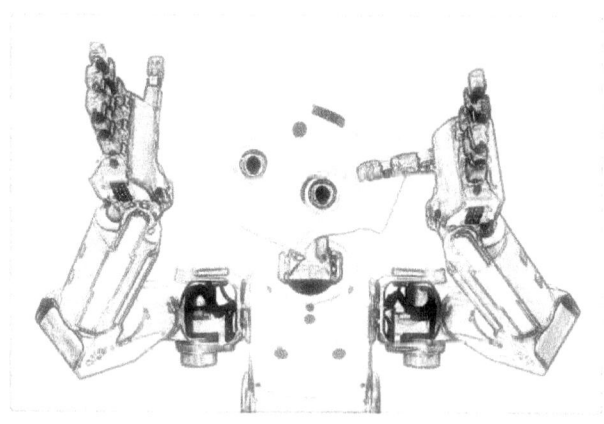

Der perfekte Soldat

Auch auf anderen Feldern geraten die Maschinen in den Vordergrund, insbesondere auf dem Schlachtfeld. Ziel der Militärforschung ist, autonome Kampfroboter zu schaffen, die Soldaten ersetzen und so Menschenleben retten sollen. Besonders weit gediehen dabei sind Südkorea und Israel. Sie setzen an der Grenze zu Nordkorea beziehungsweise dem Gazastreifen stationäre Systeme ein, die mit optoelektronischen Sensoren und Maschinengewehren bestückt sind. Das israelische System namens Sentry Tech identifiziert Ziele – also Menschen oder Fahrzeuge, die versuchen, die Grenzsperren zu überwinden – und übermittelt die Daten an eine

Kommandozentrale. Die Operateure dort entscheiden dann, ob gefeuert wird. Das koreanische System SGR-A1, entwickelt von Samsung, funktioniert ähnlich.

Natürlich wollen die Militärs künftig mobile Robotkämpfer, sei es in Form autonomer Drohnen, Panzer oder gar humanoider Maschinen. Dies stellt, wie der Robotereinsatz insgesamt, verstärkt ethische Fragen. Wie lässt sich verhindern, dass die Maschinen Kriegsverbrechen begehen oder Menschen auf andere Art schädigen? Deshalb müssen künftig Ethiker an der Programmierung der Blechkameraden mitwirken – eine Forderung, der sich seit Kurzem sogar das Pentagon anschließt. Sie sollen den Robotern so etwas wie Moral einhauchen, sodass sie lernen, ethisch richtiges von falschem Handeln zu unterscheiden.

Die drei Robotergesetze

Zwar sollen Maschinen keine typisch menschlichen Gefühle wie Stress, Trauer, Wut oder Rache entwickeln (dafür müssten sie etwa Mitleid lernen). Doch wie sicher ist, dass dies gelingt? Könnten hinreichend komplexe Robothirne nicht einige eigenständige Emotionen entwickeln, wie es im Film „2001-Odysse im Weltraum" durch das Kunsthirn „HAL" hervorragend illustriert wird?

Dies ist zunächst natürlich eine Frage der Programmierung. Per se, meinen Experten, könnten Roboter ethischer handeln als Menschen. Gerade Kriegsroboter würden ohne Emotionen auskommen, die ihr Urteilsvermögen trüben, weil sie sich nicht selbst schützen müssten. Dennoch müssen sie über eine moralische Richtschnur verfügen. Dies erkannte bereits der Science-Fiction-Autor Isaac Asimov, der 1942 seine berühmten Robotergesetze formulierte:

- Ein Roboter darf kein menschliches Wesen verletzen oder durch Untätigkeit gestatten, dass einem menschlichen Wesen Schaden zugefügt wird.
- Ein Roboter muss den ihm von einem Menschen gegebenen Befehlen gehorchen – es sei denn, ein solcher Befehl würde mit Regel eins kollidieren.
- Ein Roboter muss seine Existenz beschützen, solange dieser Schutz nicht mit Regel eins oder zwei kollidiert.

Später kam noch das Gebot hinzu, dass ein Roboter die Menschheit nicht verletzen oder durch Passivität zulassen dürfe, dass die Menschheit zu Schaden kommt. Dies wird zunehmend wichtig. Zwar erwartet kein Experte, dass Maschinen selbstständig Kriege führen oder wahllos Menschen töten. Doch sie werden in Positionen kommen, in denen sie Entscheidungen treffen müssen. Diese sollten nach ethischen Grundsätzen fallen. Außerdem müssen Roboter noch den Umgang untereinander lernen. So fanden kanadische Forscher erst vor wenigen Jahren ein Lösung für ein scheinbar triviales Problem: Wenn zwei Roboter an einer Tür aufeinander treffen, welcher geht dann zuerst hindurch? Auch Schadensersatzfälle gilt es zu regeln. Wer tritt ein, wenn ein Roboter den elektronischen Geist aufgibt und deshalb unkontrolliert die Einrichtung demoliert, Stromschläge austeilt oder gar explodiert?

Blechkameraden als willige Bettgefährten?

Die Roboter werden kommen, keine Frage. Es gibt sie schon als selbsttätige Staubsauger, in Japan kocht seit Kurzem ein Automat der Firma Aisei in einem Restaurant in Nagoya mit Rührarmen Nudelsuppe. Aus dem robotervernarrten Japan stammt auch ein weiterer Kunstmensch, den die Internetseite „Impactlab" zu den sieben grusligsten der Welt zählt. Dabei wirkt er recht harmlos. Es handelt sich um „the Actroid". Der weibliche Android wurde gebaut, um bei der Internationalen Roboter-Ausstellung 2003 in Tokio als „Empfangsdame" und Auskunftsmaschine zu dienen. 2005 bei der Expo in Aichi konnte der Roboter Fragen bereits in vier Sprachen beantworten.

Unvermeidlich aber fragten die meist männlichen Besucher, ob das Modell mit der weichen Silikonhaut „anatomisch korrekt" gebaut sei und Sex mit ihnen wolle. Da sind wir endlich beim großen Thema: Roboter dürften in Zukunft das Liebesleben der Menschen entscheidend ändern. Sie sind stets zu Diensten, nörgeln nicht und sind hygienisch einwandfrei. Vor allem für viele Männer dürfte ein Traum in Erfüllung gehen, der ihnen bei menschlichen Partnerinnen versagt bleibt: Nach dem Koitus steht die künstliche Liebesdienerin auf, räumt das Zimmer auf und kocht Kaffee.

3. Kapitel: KI von Elon Musk

…

In spätestens zehn Jahren könne etwas ernsthaft Gefährliches passieren, warnte er. Seine Anmerkungen postete der Tesla-Chef in einem renommierten Blog, löschte sie aber wieder.

Hamburg - "Der Fortschritt bei künstlicher Intelligenz (ich meine nicht einfache künstliche Intelligenz) ist unglaublich schnell", hieß es. "Solange man nicht direkt Gruppen wie Deepmind ausgesetzt ist, kann man sich kaum vorstellen, wie schnell es voran geht. Es ist annährend exponentiell", hatte Musk auf edge.org geschrieben, bis er seinen Beitrag wieder löschen ließ.

Edge ist eine Art exklusiver Debattierklub für Intellektuelle. Nur wer eingeladen wird, darf Beiträge veröffentlichen. Der Gründer der Edge Foundation, John Brockman, hatte am Wochenende via Kurznachrichtendienst Twitter sogar auf Musks Beitrag hingewiesen. Auch dieser Tweet wurde mittlerweile gelöscht. Über die Gründe ist bislang nichts bekannt.

Es spricht viel dafür, dass Musk mit Deepmind, ein von Google gekauftes Unternehmen meinte. Musk hatte das Londoner Startup selbst finanziell unterstützt. Anfang des Jahres hatte der Suchmaschinenbetreiber die Firma übernommen. Über Deepmind dringen bislang nur wenige Informationen nach außen. Es ist allerdings bekannt, dass das Unternehmen daran forscht, Maschinen beziehungsweise Computer mit den Fähigkeiten menschlicher Intelligenz auszustatten. Vereinfacht ausgedrückt sollen Computer menschlich werden. Vor der Übernahme von Deepmind hatte Google mehrere Roboter-Firmen übernommen, darunter Boston Dynamics, ein Unternehmen, das etwa für das US-Verteidigungsministerium an Robotern forscht.

Ohne weiter auf Deepmind einzugehen, schrieb Musk weiter: "Es besteht das Risiko, dass binnen fünf Jahren etwas ernsthaft Gefährliches passiert." Maximal dauere es noch zehn Jahre. Er löse keinen falschen Alarm aus, denn ihm sei bewusst worüber er rede.

Aus dem Silicon Valley kommen selten Äußerungen, die technologische Entwicklungen kritisch hinterfragen. Stattdessen werden überwiegend ihre Vorteile angepriesen. Häufig wird Kritikern unterstellt, man habe nur Angst oder sei skeptisch, weil das technologische Verständnis fehle. Deshalb dürfte Musk auch darauf hingewiesen haben, dass er durchaus verstehe, worum es geht. Warum Musk seinen Beitrag bei Edge.org wieder löschen ließ, das ist bislang nicht bekannt.

Musik ist nicht der einzige Skeptiker

Es wäre ohnehin nicht das erste Mal gewesen, dass sich Musk kritisch über künstliche Intelligenz äußerte. Er hatte seine Sorgen bereits im August via

Twitter und auf Konferenzen mitgeteilt. Bei einer Veranstaltung der US-Zeitschrift "Vanity Fair" hatte er vor Killer-Robotern gewarnt, die Menschen auslöschen könnten. Künstliche Intelligenz könnte eine der schlimmsten Bedrohungen für die Menschheit werden, behauptete Musk. Nach seinen Äußerungen hatte sich der Chef von Tesla und Gründer der Raketen-Firma SpaceX allen voran aus dem Silicon Valley anhören müssen, er übertreibe.

Dabei ist Musk nicht der erste und einzige Prominente, der auf die Risiken künstlicher Intelligenz verweist. Auch Wissenschaftler Stephen Hawking hatte im Mai in der britischen Zeitschrift "The Independent" darauf hingewiesen, dass man bei allen Vorteilen und Errungenschaften, auch darüber nachdenken müsse, wie man die Risiken vermeiden könne.

"Ich bin nicht der Einzige der sagt, wir sollten uns Sorgen machen", hatte Musk in seinem gelöschten Beitrag geschrieben. Die führenden Unternehmen in diesem Bereich würden große Vorsichtsmaßnahmen treffen. "Ihnen ist die Gefahr bewusst, aber sie glauben, sie könnten die digitale Superintelligenz formen und kontrollieren und verhindern, dass Schlechtes ins Internet strömt", schrieb Musk. "Das wird sich zeigen", hieß es weiter.

Im März dieses Jahres investierte Musk gemeinsam mit Facebook-Gründer Mark Zuckerberg und Schauspieler Ashton Kutcher in ein Startup namens Vicarious FPC. Das Unternehmen versucht den Neocortex nachzubilden, einen Teil des Gehirns, der fürs Sehen, die Motorik, Sprache und beispielsweise Rechnen verantwortlich ist. Musk sagte damals, er wolle im Auge behalten, was die Forscher treiben.

(Manager Magazin online)

4. Kapitel: Mein Statement

Der Mensch geht vorwärts, in allen Bereichen, besonders in den Bereichen Wissenschaft und Technik. Denken Sie an Androiden, die das Leben des Menschen erleichtern, das bedeutet mehr Freizeit gleich Bedienungen. Doch der Einsatz eines Androiden besteht nicht darin, Fussball zu spielen, um zu beweisen, wie weit die Technik bereits ist, das dient niemandem. Die Intelligenz weiss, dass Kriege, Zerstörung nicht förderlich sind für das Weiterkommen aller. aller. Ich machs kurz: Es gibt auf dem Planeten noch Kriege, Krisengebiete etc. Androiden können statt Menschen, deren Körper unbezahlbar ist, dort eingesetzt werden, nicht um zu zerstören, sondern um zu helfen, aufzuklären. Sie benötigen zwei Eigenschaften:

Stabilität im Hinblick Material (wenn ein Selbstmordattentäter unterwegs ist) und eine Wissensdatenbank: Wikipedia. Fähigkeit des Androiden: Datentransfer, Auswertung, eigenständig agieren = Bedienungen für das Leben.

Besonders Danke ich meinem Mann

www.ingramcontent.com/pod-product-compliance
Lightning Source LLC
Chambersburg PA
CBHW071824170526
45167CB00003B/1404